U0004755

# 臺灣犬

陳玉山 著

## 臺灣土狗的歷史、特質與復育故事

晨星出版

# 目錄

※ 由於「台灣犬」為業界習慣用法，故本書內文統
一使用「台」字，與歷史照片相同，避免字型不
統一造成閱讀流暢感受到影響。

自序——
# 台灣懷舊《玉山回首》

　　拙作《台灣原種犬》出版轉眼已過二十個寒暑,今因緣際會再次分享台灣犬的心得,本著「飲水思源」的信念,特別感謝研寫《台灣犬標準書》的所有前輩們,因為您們開啟了台灣犬的生命,也感謝這三十多年來所有為台灣犬付出的愛好家,因為您們的傳承才有今天的成果。這些年來因大家的辛勞貢獻,無私的分享,確保了台灣犬的世代傳承。

　　本書除了敘述台灣犬的發展歷程,也將台灣犬的圖片、照片精簡整理,呈獻給所有的台灣犬愛好者。感謝前輩林明山先生、鞏志德先生、徐昆輝先生、黃文琴老師、施三德先生、鄭貿升先生、楊逢春先生、邱培傑先生、林祐安先生、藍忠雄先生、黃肇基老師、謝新傳老師、朱文輝先生、廖建成先生的研究結果分享,期待再一次「以台灣犬經營台灣犬」的心得出書,能帶給喜愛台灣犬的同好們在管理或認識台灣犬時有所助益,因為有大家的關注和喜愛,台灣犬才有今日的成果。

　　在此要特別感謝我的犬種起蒙恩師,台灣犬之父——薛嘉發老師,因為有薛老師對台灣犬的堅持與努力,才有《台灣犬標準書》的產生,也因老師的教授與指導,後學玉山才有此書的心得分享。

　　感謝上天的恩賜,也再次感謝所有為台灣犬付出的朋友們。

後學玉山 二〇一八 在新芽棚

薛嘉發老師珍藏的台灣犬素描畫（方德元先生素描）。

推薦序——

# 兒時記憶 留傳於世

　　在經歷了數百年人為因素與環境因素的迫害，這曾經與先祖們馳騁在「台灣山林的箭矢」曾幾乎在這座島上消失殆盡！

　　近代，在愛犬人士保育觀念的提升下，才將其從鬼門關前拉了一把……

　　經過了數十年的不斷努力，將其特徵、樣貌、習性等各方面一一解析培育，終於開始有成績出現。將台灣犬的各項特徵、習性及文獻資料、口述歷史等匯聚而成，以鉅細靡遺的文字解說，生動敘述的文獻資料及精闢分析的考證，縮寫而成，可謂是《台灣犬的葵花寶典》。

　　小弟我也非常感謝玉山先生能如此用心在台灣犬這區塊，讓更多更多的人能清楚了解「台灣山林的箭矢」，不再只是兒時的記憶……而是活生生的呈現在台灣這座島上！

　　這是先祖留傳至今的天然紀念物……

　　也必從你我手中留傳於世！

朱文輝

二〇一八年二月二十七日於 高雄 多納

照片由黃肇基先生提供（黃老師與他的愛犬）。

推薦序——

# 執著與使命

　　台灣犬多年來，由於愛好本犬種人士持續的復育與努力，終於列登為世界犬種，而今年又適逢生肖狗年，在此談狗、論狗，更令人興奮。

　　為了台灣犬未來及日後飼主能對該犬種更深層之認知，二十年前玉山先生就出版了《台灣原種犬》一書，透過各種圖片、文字、及標準書之數據，做了具體的陳述。

　　今玉山兄秉持對台灣犬的執著與使命感，闊別二十年後又排除萬難，著手完成此一鉅作，深信借助新著作，必能使未來復育與培育的工作進行更加順遂，犬隻也更加完美。

鞏志德
二〇一八年二月二十八日

照片由林麗惠小姐拍攝提供。

# 壹、
## 關於台灣犬

# 1-1

# 台灣犬概述介紹

　　台灣犬是台灣生態自然形成的犬隻品系之一，為早期跟隨台灣先住民共同生活、狩獵的犬隻後代。從存留下來的犬隻原貌照片和台灣過去的發展過程可以觀察到，牠是在台灣特有的人文、環境下產生的具獨特外觀和氣質的犬隻，牠予人一種冷靜、沉著的氣質印象。

　　優秀的台灣犬有天生的忠實稟性和機警性，身體結實、比例勻稱，具良好的敏捷度與野美感。

　　從前的管理者會用台灣犬來幫忙狩獵，與現今許多愛好家的飼養目的略有不同，但因為牠是在台灣本土育成的特有犬隻品系，自然適合台灣的生活環境。因為狡智聰明、善解人意、體健容易管理，可適應各種管理方式和生態。

　　許多優秀的台灣犬天生就有良好的看家本領，是一般家庭

犬隻最好的選擇伙伴之一。部份愛好者更常帶著台灣犬參與犬展活動，使得參加犬展成為愛犬家的休閒運動之一。

台灣犬目前除了受到台灣許多愛犬人士的飼養，在其他地區也逐漸受到品種犬喜好者的認識和管理，成為看家作伴的理想犬隻。

台灣犬從有《台灣犬標準書》之後發展至今，已有三十年的時間，犬協組織將牠納入世界品種犬當中的第五犬種群之第七類原始型狩獵犬。

這些年來，關心犬隻正統模樣和加入飼養行列的愛好家持續增加，大家除了認識台灣犬理想的外觀特質，也會注意到台灣犬的稟性能力、素質及管理情況等等。因為符合《台灣犬標準書》規範的優秀台灣犬，擁有明顯獨特的外觀和氣質，是目前台灣選育的品種犬當中，榮獲國際性犬協組織登錄的犬種品系；也因為牠以「台灣」為犬種名，成為代表台灣本土育成的優良珍貴犬隻品系，進而成為台灣之寶。

參加犬展活動的台灣犬。

參加犬展活動的台灣犬。

一九九八年犬展中獲賞的台灣犬。

二〇一七年犬展中獲賞的台灣犬（照片由楊坤崎先生提供）。

## 1-2

# 從早期的犬隻與犬種認知探討台灣土狗

　　台灣考古遺址曾發現許多數千年前的犬骨，這些遺骸與大家目前稱之為台灣犬的犬隻關係，有待科學的驗證。但因形成「犬種」（犬的品系）的要因為犬隻具備獨特的外觀和氣質，並具有相同的遺傳，所以這些數千年前的犬骨遺骸能否用科學的技術復歸犬隻外觀（包括毛狀長短、外觀體構、頭部氣質、耳朵形態等，並了解相關的遺傳）是研究、解讀這些犬隻的品種別和台灣犬關係的重要工作。

　　家犬的起源和演化一直都是科學熱門的討論題材，中國、中東、歐洲和中亞都曾經是科學研究者提到的家犬起源地。有研究者對狗的地理起源進行族群遺傳學研究，利用狗的母系遺傳粒腺體 DNA 推測，家犬可能起源於東亞的南部地區。也有研究者發現來自東南亞地區的狗較其他種群具有更多的遺傳多

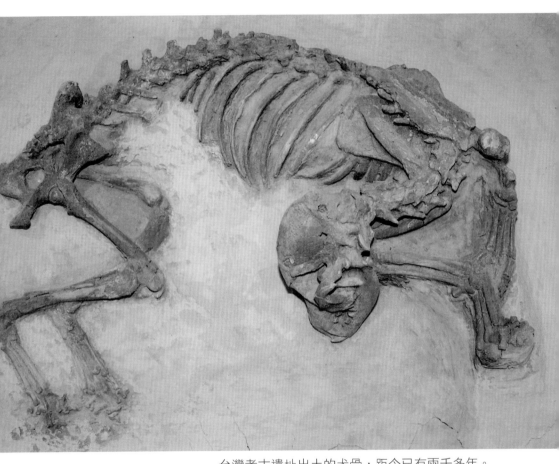

台灣考古遺址出土的犬骨，距今已有兩千多年。

樣性，是與灰狼有親緣關係的最基礎種群，推測家犬的起源地可能是在三萬三千年前的東南亞。

研究者認為部分亞洲鄉村犬系的血型很接近，屬於 HbB 型，體形、性格、獵性亦極相近。這些犬種的形成約在紀元前一千年（約三千年前），推測台灣犬種的形成年代亦在此前後。

從古至今有記載台灣犬隻情況的早期文獻少見，耳聞最久遠的是在清康熙八年（西元一六六九年）時，台灣有一種當時被稱之「獫猲獟」註一的狗。而在一八七五年，英國皇家地理學會攝影家——約翰湯姆生，從台南至六龜旅程中拍攝，刊於法文遊記中照片的犬隻，是目前發現最古老的台灣犬隻照片。

而有留下台灣犬群生活照片和文字敘述的時間，大約是從日治時期（西元一八九五至一九四五年）才開始，因為當時台灣才逐漸有黑白照相技術的引進。此時期所留下清楚可以解析的「犬群合照」相片，是判別犬隻是否可以成為「台灣原有犬種」最早且重要的佐證（犬群合照是判定犬隻是否具備相同遺傳的要件；沒有相關時間數值佐證的單犬照片，通常無法客觀判定犬隻是否具備相同的遺傳）。也因為發現到早期的犬群合照相片，成為犬種外觀佐證的依據，也因此能了解此模樣的品系犬隻（當時未被犬協組織或研究者命犬種名），當時就已經

---

註一：「獫猲獟」音同「險些藥」。

復歸犬骨遺骸外觀和了解該犬隻的遺傳是判別犬隻品系的重要條件。

和台灣先住民一起生活了。

從日治時代開始，除了有當時台灣犬隻的生活照片和影片存留至今之外，日文版的台灣通訊刊物中也有記載，有位日本犬的專家，三上四郎先生來台灣調查、了解台灣犬隻的情形。

三上四郎先生來台灣時，受到友人本田獸醫（當時警務課理番主管）的協助，他記錄了本田獸醫對台灣先住民犬隻的描述：「轄區有泰雅犬和布農犬二種類，泰雅的狗軀體大，而布農犬則體形較小。」這些日治時期台灣犬隻的描述，是台灣犬隻少有的早期文書記錄。

台灣先民族群多元、起源各不相同，從日治時期留下的一些相片中，可比對犬隻外觀的差異，了解當時各族系的犬隻可能因起源差異或長時間生活在封閉的人文生態之下，形成了一些具有獨特外觀和氣質的台灣犬種，也就是過去大家統稱為「土狗」的台灣本土原有犬種。

在族群往來時，這些具備「犬種條件」（犬隻有獨特外觀和氣質，並具有相同遺傳的犬隻品種）的犬隻開始逐漸擴散繁衍，當時平地居民一般都稱之為「土狗」或「番仔狗」（台語）。

從日治時期留下的影像及照片了解，這個時期在台灣生活的犬隻具有「亞洲鄉村土狗」的形態特質，與台灣臨近國家的鄉村土狗特徵、體構比例略近，受亞洲以外犬隻影響的情況並不明顯。只有為數極少的老照片，出現形體略大、垂耳、垂唇

早期存留下來的犬群合照是研究台灣原有犬隻品系重要的依據
（國家圖書館提供）。

明顯的犬隻，研判應該與更早時期，荷蘭人帶入之獵鹿犬（靈提）[註二]有關。

　　台灣光復後，日治時期帶入的「軍用犬」並沒有全部移出台灣，原有的各族群血系犬隻，在沒有「犬種保護」的觀念下，一般多為開放式管理（沒有防止其他犬隻接觸的措施，通常是放任自由的管理方式）。而台灣在生活環境逐漸安定繁榮之後，因對外交通更加便利頻繁，也引進更多其他的外來犬種，飼養外來犬種的風氣盛行，一般的台灣土狗並未獲得重視。在沒有犬種保護的觀念和開放的管理環境下，原有的台灣土狗數量開始逐漸減少。

　　除了飼養各種外來犬的風潮興起外，當時許多人對於飼養較高大的「仿仔」（台灣土狗與軍用犬交配的後代犬隻）興趣高於台灣土狗，因「仿仔狗」軀體比土狗高大，具有較大的嚇阻作用及攻擊力，也受到當時許多人的喜愛而爭相飼養。

　　台灣人文環境育成的族系犬隻在沒有「犬種」保護作為及相關文書的記載下，逐漸從平地環境中消失，人們對牠的外觀印象也趨於模糊。民國六十五年間（西元一九七六年）一些台灣日治時期出生的長者就已經發現此現象，據長者們敘說：「小時候常見的番仔狗（或稱土狗），現在都市、平地已經比較少

---

註二：靈提（Greyhound），又名灰狗、格力、格雷伊犬，是世界上奔跑速度最快的狗。

見蹤影。」

許多喜愛土狗的人士，靠著自己對土狗的回憶，閒談之間流傳著一些昔日土狗的故事和犬隻模樣的描述。

一般聽到最多的是，母狗常會在隱密的地方，自力挖掘數尺的深坑當窩、生產哺乳幼犬，且技巧性（吹風、伏進、嗅空氣）的獵捕田野間的鼠、兔、飛鳥等養育小狗。

因母狗具有強烈的護窩性情，陌生人總是難以靠近其生產的窩巢；才四五個月大的小狗被領養後，總是能在短時間，自己找路回到數公里遠的舊家；年邁的老狗預感自己即將死亡時，會默默的離開家庭，找一個隱密地方靜靜等待死亡，避免主人傷心。

有經驗的長者及愛狗人士們，會用各種與土狗模樣相像的類似物，來形容或比喻台灣土狗的模樣，例如：匏仔頭、金瓜頭、和尚頭、狐狸面、含蛋腮、灌管嘴、牛角耳、狗公腰、狗弓腰、羌仔腳、兔仔蹄、棕蓑毛、鐮刀尾、彎刀尾等等。

雖說平地都市已難見台灣土狗的蹤影，幸好部份受到管制的山區部落，因交通來往不易，還有為數不多的台灣土狗因而存留下來。

到了西元一九八〇年時期，偶有學者對社會大眾發佈台灣土狗數量僅存不多的呼籲。但因早期台灣的經濟生活環境與現今相較困難許多，所以台灣本土原有犬種並未獲重視和保護，

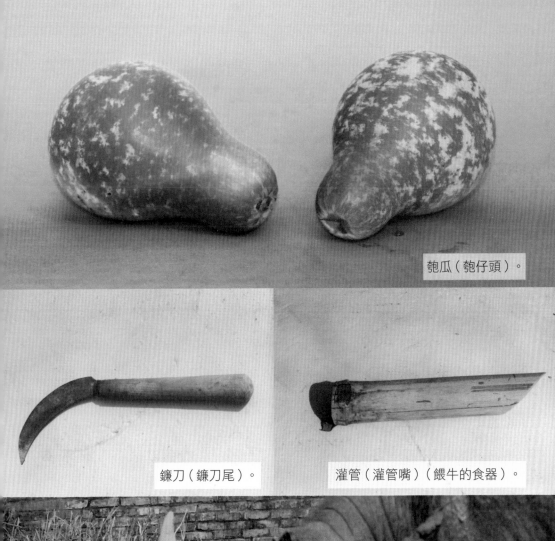

匏瓜（匏仔頭）。

鐮刀（鐮刀尾）。

灌管（灌管嘴）（餵牛的食器）。

水牛（牛角耳）。

台灣各族群區域的土狗，也因為長期未曾有《犬種書》或《犬種標準書》的文書敘述、規範、分類，造成大部份人對台灣土狗的印象模糊，致使一時興起的土狗風潮，陷入如瞎子摸象般的情況。

在追尋者滿山遍野覓尋犬跡之下，形態、大小不同的「土狗」，因一時興起的追尋飼養風潮，都成為待價而沽的「台灣土狗」。同時各種「類似犬種名」的稱呼也開始出現，如：蓬萊犬、福爾摩沙犬、寶島犬、台灣犬、本島犬、國寶犬、本土犬、高砂犬、高山犬、熊犬、台灣國寶犬、賽夏族犬、泰雅犬、布農犬等等。

幸運的是，後來在一些愛好者的追尋和管理下，才得以再繁殖復育出具有台灣本土原有犬隻品系模樣的犬隻來。

# 1-3

# 《台灣犬標準書》的產生
# 到現今的發展與回顧

　　在飼育台灣土狗蔚為風氣的同時，台灣的犬協組織也注意到了人們對「台灣土狗」的犬隻形容、品系觀點、犬種稱呼紛迭等異趣橫生的各種現象；並看到世界各國的犬協組織都不遺餘力的在發展自已國家地區育成的特有犬隻品系。台灣省育犬協會（TKA）在此時成立「台灣犬調查委員會」，將調查、研究台灣土狗的工作納入組織的工作業務中。

　　一九八五年，該會召開首次的「台灣犬研究會」，研討台灣犬隻相關的事項。台灣土狗在「有品種犬管理經驗者」的關注和研究下，除了了解當時復育、管理者的犬隻和繁殖情況外，也蒐集台灣土狗相關的敘述和記錄，展開台灣犬隻品系的研究工作。

　　一九八八年首版的《台灣犬標準書》在台灣省育犬協會的

會刊《犬界之聲》公佈發行,將《犬種標準書》規範、敘述的犬種犬隻,正式以「台灣」為犬種名,稱之為「台灣犬」。因這份《台灣犬標準書》的誕生,筆者認為此刻是台灣本地用犬種文書保護、管理「台灣犬」工作的起始。

台灣犬也因為這份《犬種標準書》的規範,在犬種的體構大小、模樣特徵、氣質表現有了判定的準則。隔年(一九八九)該犬協組織依這份《台灣犬標準書》認定合格的第一隻台灣犬正式產生,台灣犬的犬籍登記工作也從此展開。一九九一年,台灣犬研究者又在《育犬月刊》轉載刊登了一張照片(見P.25)——準備出去打獵的賽夏族人。

這張照片拍攝的時間大約是一九一一年,日治初期左右。研究者認為照片中的犬群外觀、模樣和《台灣犬標準書》內容規範的犬隻相像,與台灣先民對土狗的比喻、形容等又有許多不謀而合之處,於是大家對台灣犬的外觀特徵和理想模樣產生了較多的共識。之後幾次再修訂發佈的《台灣犬標準書》也因此更加完備;《台灣犬標準書》的內容敘述與照片中犬隻的模樣,成為台灣犬復育者的管理依據和理想目標。

有了《台灣犬標準書》以後,《育犬月刊(CKA)》雜誌也陸續有台灣犬相關的文章報導,許多熱愛台灣犬的愛好者,更因為台灣犬成立聯誼推廣組織,並藉由舉辦認識台灣犬的聚會活動來介紹、推廣台灣犬;許多參與聚會活動的喜好者,也

喜愛台灣犬的民眾參加 CKA 台灣犬保育推廣中心舉辦的台灣犬研討會。

因而認識了台灣犬。從此，加入飼養管理台灣犬的人逐年增加，「台灣犬」成為品種犬的犬種名後，台灣犬也逐漸被愛犬人士所認識和喜愛。之後台灣其他的犬協組織也相繼開始執行台灣犬的認定和相關工作，除了登錄通過認定的第一代犬隻犬籍外，也逐步為其後代犬隻建立完整的血系血統記錄，並發行血統書。

一九九二年，育犬協會除了公布新版的《台灣犬標準書》，也公布了台灣犬犬展選拔規定，此後該會除了原有的台灣犬優良種群選拔外，也將台灣犬加入了席次排名的競賽項目。

此時台灣犬的犬種發展可以說由混沌而漸歸明確。到了這個時期，了解台灣犬外觀、特徵的人漸多，已不見高大、垂耳的犬隻參與台灣犬的犬種認定；台灣犬的犬種認知才逐漸從摸索期，進入以《台灣犬標準書》和「照片佐證」為依據的判斷時期。

一九九五年育犬協會在台中通豪飯店，向國際育犬組織介紹英文版的《台灣犬標準書》和台灣犬。

一九九七年時期，各大犬協團體舉辦的全犬種犬展都有台灣犬的參與，各地區台灣犬俱樂部也舉辦台灣犬單獨展，展場數和參展犬隻數量都到達歷年最多的記錄。這時期參賽的台灣犬質量均較以往優秀，除了參賽指導手的服裝整齊外，犬隻動靜態熟練的精彩表現，更獲得了愛犬人士的喝采和欣賞。也因

喜愛台灣犬的同好成立台灣犬聯誼會。

為參加犬展的台灣犬數量穩定,模樣又具特色,所以受到部分喜愛台灣犬的外籍審查員關注,他們也因而參與協助台灣犬的國際性犬種發展工作。

台灣的犬協組織(KCC、KCT)註一 和台灣犬愛好者,經過多年的努力,向國際性的犬協組織——世界畜犬聯盟(FCI)註二 發表各項台灣犬相關的犬種標準和申請犬種登記。

台灣犬在經過該聯盟組織十多年嚴謹的觀察之後,終於在二〇一五年六月,於義大利米蘭召開的全球會員代表大會,經七〇多位出席會員代表投票,一致表決通過,台灣犬成為世界畜犬聯盟組織正式承認的品種犬之一,台灣犬的犬種知名度因而大增。

台灣犬也因為經過世界畜犬聯盟(FCI)的認證通過,而有參加該聯盟舉辦的國際性犬展的基本資格,許多愛犬家更是帶著台灣犬前往日本、大陸、泰國等地與其他世界知名犬種同場參展,除了獲得許多的賞勵之外,也成功達到推廣台灣犬的目的。把代表台灣的優良犬種與世界各地的愛犬家一同欣賞、分享,至今台灣犬已成為世界知名的新興犬種品系之一。

隨著科技的發展,許多考古遺址出土的犬隻遺骸,都可以

---

註一 :KCC(Kennel Club pf China)中華民國畜犬協會。
　　　KCT(Kennel Club pf Taiwan)台灣畜犬協會。
　　　KCC 目前已正名 KCT。
註二 :FCI(Federation Cynologique Internationale)(法語)世界畜犬聯盟。

協助台灣犬犬種發展的日籍審查員神里洋先生（左一），到各處犬舍了解血系犬隻管理情形，此照片由鄭貿升先生提供。

台灣犬二〇一五年通過世界畜犬聯盟的犬種登錄。

判定其歷史年代。近年來台灣考古學者經科學鑑定，發現到距今五千年前的犬骨骨骸，較在西元一九九七年間，於台南烏山頭史前文化遺址發現的犬骨（距今二千五百年到二千八百年）更加久遠。也因這些遺址文物出土的情況，考古學家推測這些犬隻數千年前就已跟隨人們一起在台灣生活了。

這些考古學家的推測與一九七九年日本人為探討其祖先和日本犬的起源，以訪狗尋根的方式，派學者（以日本名古屋大學太田克明教授為首的研究學者）在日本鄰近地區做所謂「在來犬」的調查、研究原因相近。他們都推測犬隻是跟隨人類一起生活、一起遷移的。也因為當時合作參與研究、調查台灣本土犬隻的台灣大學學者（宋永義教授等人）發現碩果僅存的台灣土狗已經不多，經過媒體的報導之後，興起人們的關注。

在愛犬者的追尋、研究、復育下，「台灣犬」的犬種發展之路才逐步開啟。

歷經三十多年來的犬種復育，在台灣犬協組織有記錄過的台灣犬數量已達七千多隻，並逐代記錄繁殖的血統，且已獲得國際犬協組織的犬種登錄，台灣犬開始進入國際性的犬展活動展露身影，向世界各地的愛犬者展現其漂亮、獨特的精、氣、神與美感。

除了在犬協組織有犬籍、血統記錄的台灣犬之外，也有部份的台灣犬，未在犬協組織中登錄血系和犬籍，這些台灣犬因

早期協助狩獵工作的台灣犬。

管理者的目的並不是參加犬協團體的犬展活動,所以並未在犬協組織登錄犬籍血系,但因犬隻保有正統的模樣、氣質和優秀的稟性,所以也受到許多管理者的喜愛。

在不同的作業目的訓育下,台灣犬也都能展現犬隻原有的捕獵、護衛、看家、警戒的工作,並成為最佳的生活伙伴。

許多台灣犬未在犬協組織登錄犬籍,一樣受到管理者的喜愛。

# 1-4

# 與台灣犬類似犬系之敘述

　　台灣位處亞熱帶地區，物產豐富又多元，許多動植物長期在此生存演化，成為台灣地區特有的品種。許多生物學家特別有興趣研究台灣一些具特殊適應性的物種，例如耐熱、耐粗（環境、食物粗糙）與多產的動植物。

　　筆者研究台灣犬「獨特原貌」形成的原因，發現犬隻可能因長期跟隨主人在台灣本土環境生活而形成台灣的特有犬系模樣。許多接近台灣地理位置的區域，也有不少近似台灣犬外觀的亞洲鄉村土狗存在。

　　例如在台灣東北方的琉球，當地土狗「琉球犬」（日本學者研究發現琉球犬為琉球地區本土犬種）雖與台灣犬是不一樣的犬隻品系，但卻同樣具有亞洲鄉村區域的犬系特質和相近表徵。位於台灣南方的峇里島區域也有部份犬隻和台灣犬模樣相

似，但可能因生態、環境差異或犬隻品系不同的影響，感覺毛質毛狀較接近熱帶犬種，犬隻絨毛層感覺較不明顯。

一九九三年時期，筆者曾在狩獵紀錄片中看到，在峇里島當地協助狩獵咬捕野豬的十幾隻獵犬，犬隻毛色白底大塊黃斑明顯。雖不曾見犬種文獻有該犬系的記載，但影片中作業的犬群體構大小、模樣，與其他亞洲鄉村地區的土狗表徵大致接近。

亞洲的其他地區，有許多同屬亞洲鄉村土狗的犬隻品系存在。緊鄰台灣的大陸，當地有人稱之為「菜狗」、「肉狗」或「門

大陸「門狗」，照片由鞏志德先生提供。

狗」等的鄉村土狗，體構大小接近台灣和日本部份的犬系犬隻，頭部、身軀、毛狀和日本柴犬也有些類似之處，但犬隻氣質明顯不相同，也未曾見過相關犬種文書的敘述。

據傳曾有古籍記載，部份日本地區的人和犬隻，早期是從大陸隨著黑潮來到台灣又移居到日本生活的，這也可能是日本學者在一九七九年至一九八〇年時，來台灣想藉由訪狗尋根的方式，了解古書敘述內容的可能原因。

有人認為台灣在過去和大陸時有往來，因此認為台灣犬可能與大陸部分地區的犬隻有相關，但從台灣歷史了解，最早在台灣生活的應該是台灣先住民的祖先，比十七世紀漢族移居台

白底黃斑與峇里島犬隻毛色模樣相似的犬隻。

灣之前更早，從留存下來的老照片和族群歷史、地理位置與犬系的變化了解，台灣犬的犬種原貌犬隻是與台灣族群先民一起共同生活的犬隻，是在台灣生態環境下自然形成的台灣特有犬種樣貌。

從台灣臨近區域的犬隻差異和已知的族群關係了解，亞洲區域不同的族群地理位置，有相近但不相同的犬隻族系存在，雖然這些同屬亞洲鄉村犬系的犬隻還有部分的品系未被犬協組織或犬種研究者敘述分類，但了解這些台灣臨近區域的亞洲鄉村土狗模樣，對認識或管理台灣原有犬隻品系大有助益。

從日治時期留下的犬隻照片、影像和台灣臨近區域的犬隻比對分析，得知台灣土狗因族群起源不同，犬隻大小、外觀有部份的差異處，但因族系、區域接近，外觀模樣也有類近之處，就如日本地區的甲斐犬（肩高 50 公分）、北海道犬（肩高 50 公分）、紀州犬（肩高 52 公分）、四國犬（肩高 52 公分）等，有許多相似的外觀，牠們雖然成為獨立品系犬種時間已很久，但因同屬日本區域、族群的犬系，如果沒有了解《犬種標準書》的規範或犬種書的敘述，許多人仍難以辨識區別。

從這些日本犬種的模樣表徵、形態如此相似的現象觀察推測，有犬種保護思維及犬系差異敏銳度較高的人文地區，犬種模樣差異度可能比較小。但在犬系差異敏銳度較低的人文地區，體構差異值很大的日本犬種柴犬（39.5 公分）和秋田犬（67

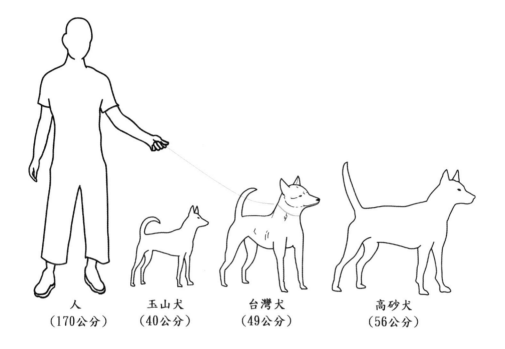

人　　　　玉山犬　　　　台灣犬　　　　高砂犬
（170公分）　（40公分）　　（49公分）　　（56公分）

人和台灣選育的三種犬隻品系高度比例圖。

公分），一般人只以大小區分，難以說明這兩種犬隻品系的模樣和氣質差異為何。

　　台灣在早期犬種單純的環境時期（只有亞洲鄉村犬系存在時期），各區域族群的土狗，因族群起源不同和人文生態、區域隔離封閉等原因，仍保有各自犬隻族系的特徵，現今依然可以從早期留下的犬隻照片、影片中了解到台灣各別區域、族群犬隻不同的外觀、體構大小和氣質差異之處。

一九八〇年，日本派學者來台做「台灣在來犬」調查時，從他們的記錄中了解，不同鄉鎮區域的犬隻肩高差異超過同一犬系的包容值。在被記錄的一百六十隻狗當中，被判定為一級純度的有四十六隻。

以犬齡滿一年的肩高數值參考，依筆者推測，其中可能包含兩個獨立的犬系，雖然當時公布的表列記錄有「部族」和「純度推定」等欄，但未見公布犬隻品系的區別文書和純度推定的準則依據。參與的台大畜牧研究所研究人員表示：「當時請當地有經驗者分別犬隻，依世界犬種體型標準大慨的輪廓可分為中型犬和小型犬。」

台灣各族群區域的土狗有不同的大小體構和外觀，可由以下三點來了解：

一、日治時期留存下來有台灣犬隻的老照片。

二、日治時期警務課理番主管本田獸醫對台灣族群犬隻的描述説：「轄區有泰雅犬和布農犬二種類，泰雅的狗軀體大，而布農犬則體形較小。」

三、從一九八〇年學者公布的「台灣在來犬」犬隻調查記錄中，也可分析得知並發現，肩高數值超過同一犬種的容許數值。

玉山犬（左）高砂犬（右）體形、肩高差異大。

玉山犬（左）與台灣犬（右）體構、氣質各不同。

由此可知台灣有許多的族群犬系存在，但因為沒有犬種文書明確的區別，多數人無法明白其差異，都以「土狗」稱之。

現今因為有明確的「犬群照片」為佐證，以及《犬種標準書》明確的文書規範，足以各別成為獨立犬隻品系。所以認識各種不同犬種的犬種標準規範，是台灣犬繁殖犬舍，繁殖管理犬種時重要的工作；也是台灣犬種愛好者認識、區別台灣犬隻品系時需要了解的知識。

# 1-5

# 《犬種標準書》和
# 復育台灣犬的意義

　　犬種的定義，是指狗具有獨特的外觀和氣質並具有相同遺傳的犬隻品系，泛指犬的品系。

　　《犬種標準書》的產生可達到「犬種存在」的意義，更重要的目的是作為犬種喜好者和犬隻比賽時，審查員審查犬隻名次、級別或判定犬種時的共同準則。

　　《犬種標準書》的內容是對各犬種以文字或圖例規範，「舉例出犬隻的理想化模樣」，並敘述該犬種的犬種名、歷史意義、起源、變遷等。因此《台灣犬標準書》是所有愛好家認識台灣犬時重要的工具書。

　　早期先民用匏仔、灌管、鐮刀等類似物來形容台灣土狗軀體各部位的樣貌，雖然也有《犬種標準書》的部分功能，但並無法敘述犬種完整的獨特特徵和犬隻理想的形態，也不適合

用在國際性的犬種發展工作上。也因為類似物的形容語義容易隨著時空背景的變化產生不同的理解，而造成釋義的誤差或誤解，因此世界性的品種犬發展時，會有其犬種理想規範文書的存在，用來敘述各犬種的獨特模樣、氣質或舉例犬種理想的形態。所以《台灣犬標準書》的產生，除了達到犬種存在的義意，犬種保護管理工作也才能展開，並達到犬種保存和敘述犬種獨特模樣的目的。

以《犬種標準書》的敘述和犬隻的遺傳區別犬種，是目前判別犬隻品系主要的方式。基因（DNA）的犬種判別檢測技術現在還處於開發階段，也已經可以判別「部分犬種的品種別」，但須取得該犬種獨特遺傳基因標記，方能使用此一方式判別犬隻品系，所以不是目前一般犬協組織普遍用來判別犬種的方式，不過此科技方式的準確性和普及化，經常使用在親子血緣的鑑定上。待將來台灣犬的獨特遺傳基因取得並建立基因庫的資料後，基因檢定才可能成為判別台灣犬的新方法。

台灣犬的復育及犬種保護工作，除了需要認識《台灣犬標準書》的規範，犬籍和血統的紀錄更是犬舍經營時重要的工作。

繁殖犬舍對所繁殖的犬隻，應在《血統書》詳實記錄其血系血親，除了可確認犬隻的血統、來源身份，並可避免遺傳性疾病的發生。有血統書的血系紀錄，長期下來對犬隻血系的特色和不同血系的融合表現等，才能有充足的了解。

　　對種犬的血系和遺傳屬性有充分的認識，才容易達到犬種繁殖時的理想目標。建議一般家庭犬隻愛好者，勿在不明白《犬種標準書》規範和犬隻血統記錄的情況下輕易繁殖，如果無法完善管理所繁殖的犬隻後續工作，對犬種的發展和環境將造成一定程度的影響。

　　一隻模樣、稟性優秀的台灣犬可與主人有長達十多年的生活互動，台灣犬帶給我們的快樂是筆墨無法形容的，所以如何選擇氣質、模樣符合台灣犬犬種標準，稟性、級數又適合管理者需求的台灣犬，是台灣犬繁殖犬舍給與愛好者的重要服務。

　　觀察目前知名品種犬的發展，許多有百年以上犬種歷史的品種犬，犬種外觀也會因人為管理和喜好產生變化。從百年來知名品種犬的照片觀察和比對中發現，部分犬種的外貌變化很大，多數犬種的變化雖然是漂亮（主觀意識）的，然復育中的台灣犬正統原貌是先民留下的自然珍貴犬種外觀，且被犬協組織歸類於原始型狩獵犬，因此依據《台灣犬標準書》的規範或犬種原貌照片來繁殖、管理台灣犬，並以血統書詳實紀錄犬隻血系，保留台灣犬犬種正統原有外觀，是繁殖者和喜愛者共同的願望和責任，因為牠是代表台灣的優良犬種，保有台灣犬正統獨特原貌的世代傳承，才是復育台灣犬最大的意義。

在飼養台灣犬的過程中觀賞其成長的變化，使生活充滿喜樂。
（以上五張照片由張憲仁先生拍攝提供）。

# 貳、
# 台灣犬的魅力

# 2-1

# 台灣犬的
# 外觀、步容介紹

　　台灣犬的犬種原貌是在早期犬種環境單純時期，犬隻跟隨台灣先民在台灣生存，自然形成的犬種體構模樣，在現今的犬族分類中屬原始型狩獵犬。由《台灣犬標準書》的敘述和本書P.25 頁照片的觀察，當時這群犬隻表現獨具魅力，其獨特的外觀和沉著的氣質表現，令人印象深刻，是吸引許多愛犬者飼養、欣賞台灣犬的魅力所在。

　　優秀理想的台灣犬，神韻野美、體構結實，走動時步容輕快；跑步時速度敏捷；快奔時，腰背有力伸縮運作，前後肢跳躍飛奔，並可急速轉向，充滿爆發力。

　　頭部特徵是台灣犬和其他品系犬隻區別時重要的辨認部位，也是表現氣質和觀賞獨特魅力時主要的地方，更是許多台灣犬愛好家欣賞台灣犬的第一印象，因此頭部特徵是許多喜好

充滿爆發力的快速奔馳。

快樂奔跑的台灣犬。

輕快的步容展現特有體構魅力。

者判別犬隻理想與否的首要部位。

　　成熟理想有魅力的台灣犬，頭蓋明顯呈圓弧形（和尚頭）；口吻緊實（理想的頭蓋長度與口吻長度比為 6：4），口吻從臉端向鼻頭微縮，形成有筆直感的鼻樑線，呈現俐落的灌管模樣（灌管嘴）；腮部明顯（嚼肌發達狀如嘴裡含蛋，可稱為含蛋腮）；立耳、耳朵適大靈活、不厚，兩耳耳距寬，位在頭蓋兩邊，耳基略寬、耳朵上緣直、耳朵下緣呈圓弧形，耳翼不明顯，呈倒八字形豎立於頭蓋外側。放鬆、休息時兩耳自然下放如牛角狀（牛角耳）。眼睛上方的眉冠微凸如懸眉狀（台語稱為噆目），眼球大小適中，多為褐色或深褐色，眼圈呈杏仁狀（鳳角眼），眼神機靈多變，隨著環境或情緒改變迅速，具有抑鬱感、威懾感、機靈的野美感等善變的神情。頭蓋眉冠中間略為凹陷，台語俗稱「金瓜頭」或稱為「金瓜溝」，凸起的眉冠在頭蓋前端銜接鼻樑處，順勢落差形成明顯的額段，鼻頭微凸、色黑為理想，嗅覺敏銳。牡犬頭部具威嚴貌，牝犬秀氣相為佳。

　　軀體均整結實，體長和肩高接近正方形（肩高與體長比例為 10：10.5）。理想的體構，背線略為平順、尻部平、短，尾點高，側腹內縮（狗弓腰）、下腹上提（狗公腰），表現軀體弧線的美感魅力；四肢硬實細緻（羌仔腳），站立時前肢筆直，後肢膝關節向後有適當的角度為理想；腿肌明顯、飛節與後繫強韌為佳；指、趾部密實（兔仔蹄）；胸幅適中、胸深不及肘部、前胸不凸出。

　　《台灣犬標準書》的平均值，牡犬肩高 49 公分（正負 3 公分）；牝犬肩高 44 公分（正負 3 公分）為理想值。正面觀賞時胸幅適中不寬闊，犬體線條優美。

　　尾部表現更是台灣犬受喜愛的魅力原因之一，理想的犬尾端正、尻部短、尾點高，尾部適粗、尾毛豐整，尾巴長度不超過飛節<sub>註一</sub>。健康、強勢、有信心的犬隻，向上挺舉時尾根有力，充滿力與美。台灣犬的尾勢靈活，且因不同的情況，會有各種不同的改變。尤其氣勢飽足的犬隻，尾部有力向上挺舉如鐮刀狀（鐮刀尾），也是吸引眾人目光的魅力焦點。

註一：飛節：犬隻的後腳跟關節處。

## 2-2

# 毛狀、毛色介紹

　　台灣犬的毛狀屬短毛犬種，但並不屬極短毛種類；理想的肩部背毛長度約 3 公分左右，毛質略粗（鬃蓑毛）順勢伏貼身體外表，四肢毛短密貼。毛色可分為黑色、黃色、白色、黑白花及虎斑花等毛色，各具魅力。

## 各種毛色模樣的分類

| 黑色 | 是常見的台灣犬毛色，也是台灣犬給人第一個印象的顏色。 |
|---|---|
| 黃色 | 具有赤黃（赤牛色）到素黃等黃毛色的表現。 |
| 白色 | 部份犬舍特有的招牌色，也受到許多人的喜愛。 |
| 花色 | 可分黑白花色和虎斑花色，在繁殖中出現與原貌犬隻相似的黑頭花毛色時，也常受人喜愛；虎斑花毛色另可分為黑虎斑色、紅虎斑色、黃虎斑色、白虎斑色。各具特色魅力。 |

黑色

黃色

# 白色

黑白色

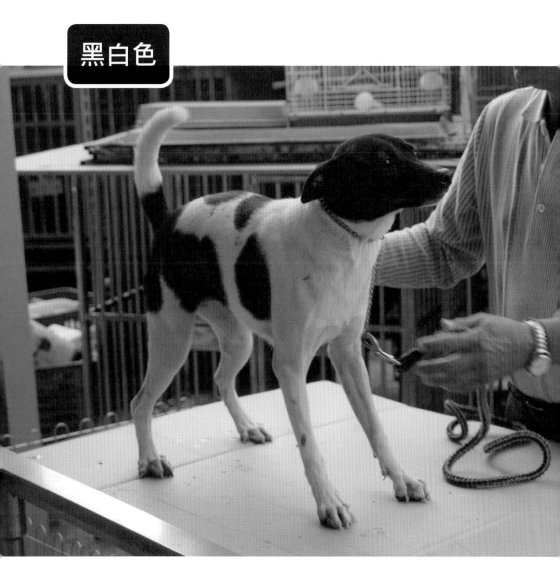

# 虎斑色

照片由林吉勝先生拍攝提供。

**虎斑色**

　　各種毛色的台灣犬都有喜好者的管理飼養。喜好者可選擇
自已喜愛的毛色,增加管理時的欣賞樂趣。

# 2-3

# 台灣犬的內在性格與氣質

　　台灣犬的內在性格保有原始型狩獵犬系的機警行為特性，管理者需與之經過一段時間的互動相處後，才可獲得其信任，一旦獲取其信任，台灣犬即對其主人忠心不二，具有不易易主的特性。

　　台灣犬的理想氣質表現，牡犬註一為沉著冷靜具威嚴感，對同性犬隻具有誇勢的表現；牝犬註二機靈、內斂、具野美感。其性格也會隨著年齡的增長而有變化，幼犬對陌生環境顯得謹慎，不容易對人攻擊，經過時間歷練的成犬變成有警戒性格且勇敢的家庭守護犬。外向性格的台灣犬，對各種環境充滿好奇，是戶外活動時最好的跟班；內向性格的台灣犬，性情恬靜不易

註一：牡犬是指雄犬。
註二：牝犬是指雌犬。

哺乳幼犬的母狗充滿土狗味，照片由羅濟增先生提供。

燥動。不同性情的台灣犬，有不同的魅力，也各有喜好者，適度的觀察、了解，有事半功倍的管理效能。

台灣犬獨特的氣質，是許多人所謂的「土狗味」。

此獨特的內在氣質，不容易明確敘述或體悟，但卻又真實表現在犬隻給人的感受上，通常需要有經驗者或用心體會的愛好家比較容易感受得到，一般初接觸的喜好者可多觀察。

因為台灣犬從很早的時期就跟隨台灣先民在險惡的山林間奮鬥生存，所以具有靈氣的眼神，這是台灣犬特有的氣質，也是其他犬隻少有的特質。從許多管理台灣犬的愛好家分享中了解，台灣犬內在的靈性氣質魅力是管理者難以形容的感動，因良好的互動關係產生對主人忠誠的靈性表現，是台灣犬令飼主愛不釋手的原因。

# 2-4

# 令台灣犬愛好家陶醉的
# 特有魅力

　　在台灣犬的復育過程中,有一股屬於台灣犬才有的魅力,
這股特有的魅力令許多來自不同行業的喜好者,都成為志同道
合的好朋友,大家以犬會友,分享彼此飼養台灣犬的心得與收
穫,這是屬於台灣犬犬種復育、發展時才有的情況。

　　依不同的管理形態,筆者將其分為:
一、正統原貌的繁殖。
二、稟性能力的訓育。
三、參展推廣的使命感。

　　這三大類不同類型的管理者,都各有其執著的理想和使
命,除了是台灣犬犬種發展前進的力量外,也是管理台灣犬才

可能產生的現象。許多愛好家陶醉於台灣犬的飼養並且樂此不疲，非實際參與者無法理解其樂趣。

一代接一代的台灣犬復育工作雖然辛勞，但以繁殖藝術的眼光來看，當一隻有生命的「古董文物」出現在自己眼前時，喜悅的心情總是勝過辛勞的付出，這也是現今繁殖、管理台灣犬最令人感動的事。

個別犬隻稟性、運動、作業能力的提升與展現，是管理者訓育的結果。台灣犬運動能力或作業能力的展現，除了犬隻的選定，管理者對犬隻特性的了解、付出和訓育經驗都影響著犬隻的各項表現。

許多管理者對台灣犬的各種能力（親水、狩獵、跳躍、識物、護主、運動、服從、膽識）都相當重視，優秀的台灣犬內在就具備這些優良的稟性和能力，如果經適當的訓育提升犬隻的本能，犬隻所展現的魅力更能深深的吸引著愛好者。

現今一般喜好者可選擇專業的訓育犬學校或向有經驗的管理者請教、學習，來提升台灣犬的各項能力，享受訓育的成果所帶來的成就感。

參與犬展活動是推廣犬種時必要的工作，其他犬種也是如此。台灣犬與其他犬種同場參展時，靈活輕快的優美步容，昂首舉尾的特徵展現，獨特的精、氣、神，很容易成為吸引愛犬者目光的焦點。

　　獲得賞勵的同時，訓育的汗水、參展過程的辛勞總能轉化為喜樂的笑容。尤其許多台灣犬愛好家更不計付出，帶著台灣犬出國參展，除了展現台灣犬的獨特特質，也讓世界各地的愛犬者看見台灣犬並認識台灣。

# 參、
# 犬事觀點與
# 經驗分享

　　本篇採用條列的方式與讀者分享筆者這數年來累積的犬事觀點及經驗，以便於讓新手管理者能更快了解台灣犬的特性，讓有經驗的管理者也能理解筆者的想法，以期共同營造更進步的飼育環境。

◎ 居家養狗勿擾鄰，溜狗隨手清狗便，環境清潔又安寧。

◎「犬種」泛指犬的品系。各式各樣不同類型的犬種，是犬類品系上的差異（包含品種犬、純種犬）。有獨特的外觀和氣質，並具相同遺傳的犬隻品系，稱之為犬種。

◎ 以犬隻品系分類和遺傳學的觀點，筆者對台灣犬的定義解釋為「犬隻外觀、氣質具備《台灣犬標準書》的敘述範疇和遺傳表現，並具台灣土狗血統的品系犬隻」。

◎ 犬種的形成可分為三種主要類型或階段，如：
　　一、自然生態類型（原始型）
　　二、人為管理類型（選育）
　　三、突變類型等。

不是黑狗就是台灣犬，不是漂亮就可以成為「犬種」喔！

◎ 本書所謂之「土狗」是指未被命犬種名的區域犬隻或犬系。「台灣犬」是指有台灣土狗的血統，外觀符合《台灣犬標準書》的敘述範疇，並有相同遺傳之品系犬隻。這與一般「遺傳表現」未符合《台灣犬標準書》敘述範疇的近似犬隻，具遺傳或表徵上的差異。因台灣土狗長期生長在台灣環境，產生強勢遺傳的影響，部份上代曾經混合過台灣土狗的犬隻，確實存在不等程度的相似表徵。時常有民眾因不諳「品系犬隻分類的犬種標準」和「犬隻遺傳表現的血統觀察」，受到用詞的影響產生誤解，特此說明加以區分。

◎ 除了具有獨特的外觀和氣質，「相同的遺傳」也是形成犬種必要的條件。

◎ 台灣犬已經獲得國際性犬協組織 —— 世界畜犬聯盟組織（FCI）的品種登錄，雖然還有其他的犬協（例如 AKC）[註一] 未將台灣犬正式登錄在其組織的犬種中，但以台灣犬優秀的犬種條件，將來有犬籍和血統記錄的犬隻數量達到申請條件，即可能獲得其他犬協組織的犬種登錄，因此需要有更廣泛的喜好家加入飼養台灣犬的行列。

---

註一 ：AKC（American Kennel Club）美國犬業俱樂部。

照片中的犬隻是上代混合過土狗的米克斯，與台灣犬有不等程度的相似表徵。

◎ 就「犬族」繁殖時的遺傳表現，產生的後代，具有明顯與種犬「相同現象越多」的種牡犬或種牝犬，為所謂的「純度高」（強勢遺傳），但同一親犬或不同親犬的配對結果，可能因親犬強弱遺傳的搭配和時間、組合、年齡、健康、及管理因素（食物、交配頻率、身心狀況）等而隨時改變，因此同親犬或不同親犬的後代犬隻，均需以個體實際的表現為選擇的重點，不是只要冠軍犬配冠軍犬，所有的後代就可成為冠軍犬。

◎ 以犬種品系的分類，筆者所謂的《台灣原種犬》和「台灣土狗」是指早期就和台灣先住民生活，在台灣犬種品系單純的時期，自然育成的品種犬，並留下有日治時期具獨特外觀的「犬群原貌照片」為佐證的犬隻品系，如台灣犬、玉山犬等。

◎ 《犬種書》或《犬種標準書》的產生可界定出「犬種存在」
的意義。《犬種標準書》更是犬種繁殖者和審查員判別犬
隻級別時的依據,為繁殖犬舍和比賽審查名次或判定犬種
時的共同準則。《犬種標準書》的內容是對各犬種以文字
或圖例規範,「舉例出犬隻的理想化模樣」,並敘述該犬
種的犬種名、歷史意義、起源、變遷等。因此《台灣犬標
準書》是台灣犬愛好家認識台灣犬時重要的工具書,也是
繁殖家、喜好者共同的犬種理想和管理依據。

◎ 多元的犬種環境和犬種保護意識的普及,獨立品系犬隻的
存在,需有《犬種標準書》及《血統書》等管理保護的文
書,來達到犬種品系存在和記錄繁殖血統的目的,這是犬
種管理、保護犬種重要的工作。

◎ 因犬種定義及犬種標準文書的認知差異,產生不同血系的
特色,是台灣犬犬種發展過程中實際的情況。但「獨特性
不足以成為獨立犬種的血系犬隻」,在一定的時間之後,
犬隻容易因為管理者的因素,血系特色產生變化。追求特
定部位特色表現的類型,容易具有個別血系的犬隻特色,
但整體表現均整,符合《台灣犬標準書》規範的台灣犬,

是復育台灣犬工作時需要的認知和共識。

◎ 台灣選育形成的品種犬肩高數值如下：

| | 牡犬 | 牝犬 |
|---|---|---|
| 台灣犬肩高 | 46 公分至 52 公分 | 41 公分至 47 公分 |
| 高砂犬肩高 | 55 公分至 60 公分 | 50 公分至 55 公分 |
| 玉山犬肩高 | 38 公分至 42 公分 | 36 公分至 40 公分 |

（高砂犬最近改以「大型台灣」為犬種名，與台灣犬是不同的犬種，但二十多年來約定俗成的犬種名稱為「高砂犬」，仍是許多人時常使用的犬種名稱。）

◎ 選定符合《台灣犬標準書》規範的犬隻管理，不但對犬種發展有助益，更是推廣飼養台灣犬文化時最好的具體表現。

◎ 品種犬的認定不能單靠一種特徵準則，例如舌斑是許多品種犬共有的表徵，犬隻的舌頭有沒有舌斑或舌頭全黑，或是只用立耳、尾巴形狀等單一特徵，都不足以成為判別台灣犬的依據。唯有了解《台灣犬標準書》的各項犬種特徵

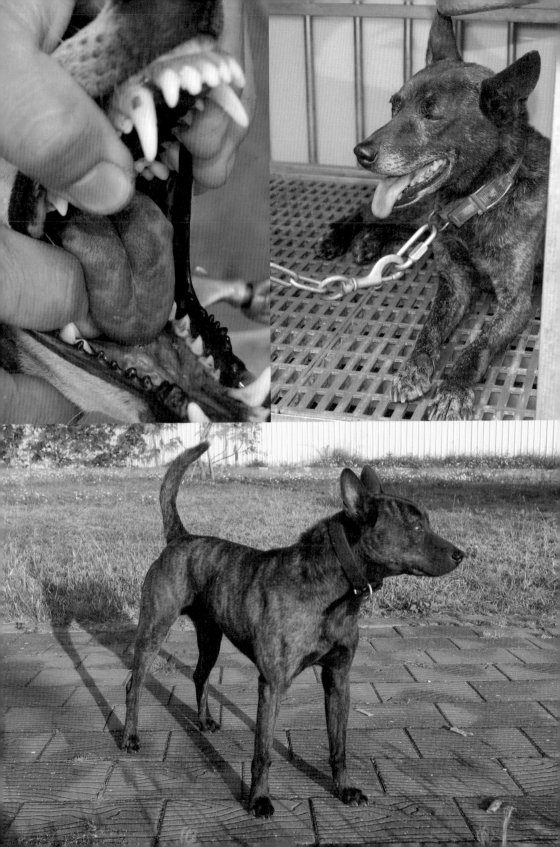

敘述和犬隻遺傳,方能判別犬隻是否為台灣犬。

◎ 台灣犬的尾部模樣靈活多變,是獵戶觀察犬隻獵慾和作業時獵況的指標(用犬尾的動作表現判定獵物情況)。犬隻的生理和心理狀態也會改變其尾部變化。如:氣勢飽滿時尾根有力,向上挺舉並向前彎;平時休息或放輕鬆時略微平放,緊張或受驚時向腰腹內收。

◎ 市場需求是影響犬隻顏色和模樣選育的重要因素。三十年前全黑色的土狗並不多,但市場需求大,而繁殖時卻常見市場需求少的黑白花或白腳蹄(四肢如穿白襪)犬隻,但因市場需求的影響,白腳蹄的犬隻今已少見,全黑的犬隻成為多數。這是供需的事實結果,證明市場需求也是犬隻變化的因素之一,如何當一個有知識和影響力的需求者,是筆者樂於分享的原因之一。

◎ 經過特定模式管理或訓練的犬隻,可兇猛也可溫馴,但過度兇悍之犬隻,就不適合一般家庭居家飼養。

◎ 優秀的管理者了解個別犬種或犬隻的稟性特長和應用。資質平凡的犬隻,管理良好也能成為生活良伴。除了血系的遺傳,管理也是成就犬隻能力的關鍵,對人類生活有助益

過度兇悍的犬隻需要專業的管理者才能訓育。

的就是好犬隻。

◎ 台灣犬屬早熟形的犬種，良好的衛生習慣、親水（洗澡、戲水、游泳）、汽機車運輸、與主人以外的人群和犬隻互動等社會化訓育管理，可於幼犬（滿月）階段即開始訓育，有事半功倍的效果。

◎ 美是主觀的意識，有愛就有美，有愛就漂亮。台灣犬的美值得用心體會！

◎ 台語有句話說：「狗沒嫌主人散（窮），飼狗沒嫌人的狗醜」。養狗就該愛狗一輩子。台灣犬適合台灣的生態，是健康、長壽的犬種，越老越漂亮越有靈性。

◎ 犬隻正常都有十幾年的壽命，選擇級別高的犬隻飼育（品種犬都有「級別」的差異），需要用心和吸收犬種知識，方能享受飼養高級別犬隻的美好。

◎ 以「生骨肉」餵食台灣犬，營養吸收良好，並可滿足犬隻喜愛咬啃的習性。也有人認為狗吃生食會造成犬隻性情兇猛，但就實際的管理經驗觀察，犬種品系和人為管理方式才是影響犬隻性情的主因。

樂於親水的犬隻可從小培養。

與愛犬同車出門也是生活的享受，照片由林麗惠小姐拍攝提供。

◎ 偏愛自己管理的犬隻是人之常情，許多經營者的立場，一般都只會介紹自己犬舍犬隻的特色和價位，但價格並不是品質的保證，價值高低也因人而異，台灣犬雖然有級別的價差，但只要能選擇符合《台灣犬標準書》規範，又符合自己經濟能力的犬隻，珍惜緣分，就能輕鬆養狗，享受犬隻陪伴的快樂。

◎ 凡投資必有風險，投資經營犬舍事業，除了遵守法令規定，如何產銷平衡，也考驗經營者的管理能力。台灣犬已成為新興的品種犬，消費者對選購犬隻的知識也充足，選擇遺傳穩定度高的種犬，可增進經營效率。

◎ 犬展運動是正當良好的休閒活動，尊重審查員賞勵席次的判定，是參加者必需要有的運動精神。因為許多的犬展審查，除了《犬種標準書》的依據外，在不同的場次或不同的時期，可能會有「階段性」的審查重點及方針影響比賽審查結果。

◎ 人是台灣最美的風景，台灣犬是台灣最漂亮的犬種，珍惜緣分擁有幸福，快樂養狗是人生難得的福氣。

◎ 適當的管理與互動能使犬隻有良好的服從性，只有不明白犬隻訓育管理的人，沒有狗笨的情事。

◎ 目前犬協組織、犬種研究者，判定品種犬的主要方式是以犬隻的外觀、氣質為判別犬種的主要方法。使用 DNA 遺傳標記的鑑定技術，在許多動物的應用上，目前還屬開發階段，還有許多品種犬基因中特有的遺傳標記至今尚未分離取出。但科技的進步、檢驗技術的發展，這種檢測方式也可能是未來品種犬判別的新方法。台灣犬特有的基因遺傳標記取得，值得大家關注。

◎ 回歸家庭的飼養管理，使各地都有飼養正統台灣犬的文化，才是復育台灣犬最大的價值和意義。

◎ 大家因為共同喜愛台灣犬，溝通時常有字詞定義、見解的不同，而有熱絡討論的現象，這是增進彼此知識交流的好事，大家的用意其實都是為台灣犬好，感謝所有喜愛台灣犬的同好、老師們，因為您們無私的見解分享，才有今日台灣犬的大家庭。

# 肆、
# 台灣犬的飼養

## 4-1

# 準備用品

　　飼養台灣犬的用品器具，可在寵物用品店、大型商場選購或自製。籠具、犬屋、活動式圍欄或牽引繩（鏈子）、項圈、窩墊、食物碗、飲水器等，可視個人需求選購配置。

　　因為台灣犬屬於中型犬隻，犬籠的規格大約以長 90 公分、寬 120 公分、高 130 公分（3×4 尺）左右為宜，僅供犬隻睡覺休息的犬屋可以略小（約 2×1.5 尺）。犬籠內可置窩墊供犬隻休息使用，裝食物的碗盆與飲水器具可分別放在犬籠門口處以方便管理。

　　另外需要公共交通運輸時，應準備犬隻專用的運輸籠，並提早使台灣犬適應運輸籠內的空間和進、出門之動作，以利犬隻運送過程的順利，在家庭中也可以使用運輸籠當作台灣犬睡覺、休息的犬屋。

木製犬屋。

## 4-2

# 飲食

　　犬隻是以肉類為主食的雜食性動物，每天飲食的營養需求有水、蛋白質、脂肪、碳水化合物、維生素、礦物質等多種營養元素。

　　台灣犬的食物以肉類為主（肉佔食物一半的量），餵食時可於肉類中加入適量的穀類和蔬菜等，供應其均衡的營養所需。過去許多獵戶作業用的犬隻，常有餵食所獲獵物新鮮內臟的情形。現今管理者除了可以選擇市售的犬隻專用飼料外，也可以直接給予新鮮的生骨肉（帶肉的雞、豬、牛骨）及少量的動物肝臟、米飯、麵條、蔬菜等，均是台灣犬理想營養的食物。

　　剛滿月的幼犬食量小，通常可以餵食三餐，未成犬之前，營養需求及食量均大，每天可給予早晚二餐，成犬後可調整為一餐即可；警戒犬可吃早餐（吃飽白天睡覺，晚上有精神警戒工作），都會區的犬隻吃晚餐（晚上睡覺，比較不會吵到鄰

居）。供給犬隻食用的食物，僅需微量的鹽份（相同重量人類的三分之一），含有刺激性的食物如芥末、辣椒、胡椒等勿供其食用，可確保犬隻嗅覺敏銳、健康。

　　煮熟後的雞骨、鴨骨、魚骨等雖然有鈣質的營養，但如果沒有先行將硬骨粉碎調配，部分進食時狼吞虎嚥或未習慣吃食硬骨的犬隻，有可能因而噎到或傷及食道，所以應避免給予堅硬的骨頭，吞食太多煮熟的尖銳硬骨，也有可能刺傷腸胃引起發炎；犬隻不易消化的章魚、花枝海鮮類或不新鮮的食材及對狗具有毒性的食物如：洋蔥、巧克力、蘋果核、發芽的馬鈴薯等，要避免給予犬隻食用；充足的清潔飲水供給是管理犬隻的必要條件，尤其是高溫的夏天或以乾飼料為主食時更需注意水份的補充，這是犬隻飲食管理時必須注意的事項。

# 4-3

# 居住環境

　　台灣的生活環境，在沒有汽機車及犬種品系單純的時期，對台灣土狗的管理可說是非常的簡易，通常都是採放任自由的管理方式。

　　犬隻可以在我們居住的環境中，自力生活或繁殖生產。但因現今多元的犬種環境，以及居住在都市中，汽機車等交通工具快速移動的原因，除了外出時必須牽引犬隻外，平常更應給予台灣犬適當的生活管理，使其居住的環境能與其他犬隻隔開，因為當社區環境中有其他未結紮的犬隻時，適當的區隔管理可保護犬種，避免意外雜配的後代產生。

　　給予愛犬良好的居住環境，不但可以增進生活的樂趣，也是管理者的責任。家庭居住的環境中，適合將台灣犬安排在居家門口或室內、陽台，除了容易互動，也可以使台灣犬成為最

體健聰明的台灣犬以舊輪胎當犬窩執行看門的警戒工作。
照片由張憲仁先生拍攝提供。

佳的陪伴、守護犬隻。尤其在室內管理的犬隻通常因為與人互動的時間充足，獲得充足的陪伴和良好的教養，因而更受喜愛。但成長中的犬隻可能會有啃咬傢俱的情形，這是成長期必然的現象，所以室內管理時必須要付出更多的愛心和耐心。

　　管理台灣犬的目的，如果是要在廠房、田園、工地、門口等執行看守警戒的工作，可安排犬籠或睡覺休息的犬窩供其居住。除了遮蔽風雨、防曬外，冬季時應防止寒冷的北風吹襲犬隻睡覺的窩巢，並供其充足的食物和飲水，即可使盡職的台灣犬達到看門警戒的目的。

台灣犬是門口、庭園、工廠最佳的警戒犬之一。

# 4-4

# 台灣犬的照護
# 與健康管理

　　室內管理的台灣犬，平時的照護除了水、營養食物的供給，每天運動後可使用濕毛巾擦拭清潔身體各部位，這個清潔動作，可使犬隻習慣被人梳整犬毛，換毛時即可輕鬆使用梳子等工具將舊毛移除，減少居家環境清潔犬毛的困擾。定期清潔犬舍並讓愛犬習慣水浴、潔牙，除了可以使犬隻外觀潔淨，亦可增進與愛犬良好的互動與信任，達到人、犬身心平衡的健康目的。

　　台灣犬是體質強健的犬種，因屬台灣特有犬種，適合台灣的生活環境，因此不常出現外來犬種因環境不適而產生的疾病，但犬隻的體內外寄生蟲，必須定期的驅除防護，方可使犬隻健康成長、長壽。

　　目前台灣都會區動物醫院普及，可在住家附近與犬醫師配

良好的的訓育互動，台灣犬可成為最好的家庭犬隻。
照片由吳昆童先生（小童老師）拍攝提供。

合，做專業的犬隻健檢、除蟲，施打必要的法定狂犬病疫苗及
寵物登記等醫療保健相關管理工作。

　　現今的管理方式，犬隻的運動空間可能不及以往寬闊，所
以犬隻的胖瘦需以食量來控制（站立時看不到肋骨，運動時略
見得到肋骨為佳）。

　　台灣犬因具備強韌的生命力，只要注意適量食物的供給，
保持適當的運動，健康的老狗依舊能保有良好的活動力，犬隻
的健康，是愛犬人士選擇犬種或管理、照護時需注意的，少有
疾病且健康容易管理的台灣犬，是您生活最好的陪伴犬種選擇
之一。

# 4-5

# 台灣犬的訓育

　　台灣犬的稟性能力優秀，會因管理者給予的啟發和適當訓練，產生良好的訓育成果。

　　許多管理者把台灣犬訓育成為具有執行咬捕、護衛、驅趕、狩獵等各項作業能力的犬隻。一般愛好家也可以將台灣犬培養為看門、作伴或參與各項犬展活動（飛盤狗、動作表演、犬隻比賽等）的犬隻。

　　基本的衛生習慣養成和社會化（習慣和主人以外的人及其他犬隻的互動並適應各種生活情境）訓練，是飼育幼犬時的首要工作，而良好的衛生習慣育成，更是輕鬆養狗的第一步。

　　喜好乾淨的犬隻訓育，可從幼犬斷奶（約 30 至 40 天齡）正常進食後開始進行，每天早晚餵食前後各一次的定點排便、解尿習慣的養成，除了容易清理犬便，保持犬舍清潔外，也可

經過社會化的訓育可增加犬隻的性情穩定。

藉由排便觀察犬隻消化的健康情況，這是愛犬家飼養時必須注意的事項。

犬隻的社會化訓練是現今許多愛犬家所重視的，因為台灣犬天生靈敏有警覺性，少有互動的成長過程，不能滿足犬隻對環境適應的需求。

天生機警的幼犬，如果從小就時常帶其四處走動，使幼犬適應各種不同的環境，不只是在對成長中的犬隻進行社會化的訓育，也是最佳的互動管理方式。犬隻成長的過程中也可多與人群接觸或與其他犬隻互動，經過完整社會化的訓育，能使犬隻見多識廣並充滿自信，此過程需要飼主細心及耐心的付出，這也是愛好家與犬隻一同成長、難得的快樂時光。

台灣犬屬早熟型的犬隻品系，幼犬的成長飼育過程，可透過玩遊戲的方式排解牠的寂寞，消耗其體力，並鼓勵牠正確的行為動作，增加狗的自信心，同時盡早使牠習慣乘坐汽機車和牽引側步隨行；滿月時即可由生活的互動中使其學習「等」或「等等」的口令，及早使其了解此口令並服從，犬隻的「專注力」及「思考力」可迅速提升，這些都是基礎的犬隻訓育。

其他還有許多進階的訓育項目，可以與專業的訓育犬學校配合，或從犬隻的訓育相關資訊及有經驗者的分享中吸收學習。對犬性較不熟諳或繁忙的愛犬家，借助犬隻訓育學校的專業訓練，也是犬主訓育犬隻的好方法。

穩定的立姿也需要適度的訓育管理。

　　許多未曾有過飼養、訓育台灣犬經驗的喜好者，因為從實際的飼育經驗中，才開始發現台灣犬善解人意的天賦；認識牠聰敏的本性，而享受到飼養台灣犬帶來的生活感動。

　　關於特定能力（咬捕、攻擊、護衛、狩獵、犬賽等）的提升訓練或不當行為（護食）的改善，許多愛犬家常借助專業的訓犬師、指導手或獵戶的配合訓練，達到犬隻安全互動和作業的目的。

　　現今許多愛犬家因為不喜歡兇悍犬隻可能造成對人的危害，相當重視護衛犬的制約攻擊，不當的訓育管理可能造成犬隻不可控制的攻擊行為，因此需要有攻擊、咬捕能力犬隻的台灣犬愛好家，筆者建議向專業的訓育犬學校諮詢，達到人、犬安全的專業訓育。

　　台灣犬保有自護和內斂的本性能力，對主人忠實，對陌生人警戒，是多數人喜愛牠的原因之一。特定的管理訓練或不了解犬種特性，造成犬隻過度的兇悍，不應該是未來犬種存在的目的，建議喜好者在訓育犬隻時應了解到，犬隻對人們的貢獻是安全和彼此快樂的生活。目前經過良好訓育的台灣犬也開始執行物品搜索、災後搜救等實際的工作中，成為協助人類生活工作的好幫手。

良好的訓育可使犬隻樂於服從。

台灣犬的咬捕訓育動作

經過咬捕訓育的台灣犬是良好的護衛犬隻。

伍、
附錄

# 5-1

# 台灣犬的未來與展望

正統、獨特的台灣犬模樣是保育的目標；犬展賽事運動是發展及推廣犬種必要的過程，兩者必須要相輔相成才能增進犬種素質的提升。

過去可能因犬種的認知差異過大，產生許多不同的見解，但實際上大家的目標都是希望台灣犬越來越好，整個過程只是上天考驗我們的智慧在哪裡！

如果台灣犬沒有《台灣犬標準書》的規範，沒有眼見為憑的老照片為依據，台灣犬會生做怎樣的模樣呢？從沒有犬種名的土狗到「台灣犬」的定名，是經過研寫《台灣犬標準書》的前輩們的論證才辨明了台灣犬的形貌，其中艱辛的過程不是現今大家可以明白的。

台灣原有的土狗以「台灣」為犬種名，發展至今已有三十

年，展望台灣犬的未來，還有許多需要努力的工作。

一、推行台灣犬審查員對《台灣犬標準書》及犬種知識的考核。犬隻審查員的犬種認知影響犬種發展甚大，尤其不曾接觸台灣犬的外籍審查員，因不了解台灣犬的標準規範和犬種特徵，產生許多愛好家對犬展運動的誤解，故推展台灣犬審查員的犬種認知考核是未來犬種發展重要的工作。

二、推廣飼養台灣犬的文化和高級別台灣犬的選育管理工作。所有犬種犬隻都有級別的差異，如何加強選育高級別的台灣犬，使犬種整體素質再向上提升，並帶動飼養台灣犬的文化，使台灣犬成為大街小巷常見的犬隻，並融入人們的生活中，讓人們享受飼養台灣犬的喜樂，是未來重要的推展工作，這個目標需要所有台灣犬愛好家集思廣益。


台灣犬的優秀與獨特逐漸受各地的愛犬者關注，牠是台灣的優秀犬種，雖然牠已受世界畜犬聯盟組織（FCI）的犬種登錄，但展望未來，期待有更多的台灣犬愛好家加入飼養台灣犬的行列，帶著優秀的台灣犬，在國際性的犬展活動展現台灣犬的風采，使牠能在更多世界性的犬協組織登錄成功，並讓稟性優異的台灣犬站上世界的犬展舞台，成為代表台灣的光彩。

## 5-2

# 犬協組織公佈的 《台灣原種犬標準書》

以下為各犬協團體公布的台灣原種犬相關文書，供台灣犬種愛好者了解參考。

> 轉載中華民國育犬協會（CKA）一九九八年四月十九日（修訂）公布之《台灣犬標準書（The Standard of Taiwnan Dog）》

● **台灣犬特性：**

台灣犬因其個性仍保有某些野生動物優良特質而珍貴。牠具有明顯地域觀念，強烈覓食、狩獵能力及警戒性。對其所認定的主人絕對馴服，有護主情操。具有野生動物獨立自主的行為特性，因此，飼養台灣犬最好能自由相處，成為家中的一員。

● **一般外貌**

本犬種是中型狩獵犬。呈現乾燥、結實、靈活。體構均整，四肢細緻，骨質堅硬，不可有鈍重之感。頭部輪廓明顯，耳薄外張豎立，顯現出的特有的外貌，予人一種冷靜威嚴的印象。

● **稟性**

獨立自主，聰明敏銳，對主人絕對忠心。警戒護衛，但不隨意攻擊。有優秀的辨認力及強烈的地域性，沉著不亂吠。對陌生環境及外來的人物或聲音，會顯得敏銳而謹慎。

● **頭部**

額部飽滿，額段適中，腮部發達凸出，枕骨至額段比額段至鼻尖較長。從正面觀察，其頭頂略呈圓弧形。

● **眼睛**

眼神富警戒性。杏仁狀不凸出。眼色多為深褐色。

● **耳朵**

立耳、耳薄、根部略寬、雙耳外張、豎立靈活。外緣略呈弧形，兩耳間距寬闊。

● 口吻

稍窄不寬厚，乾燥且緊密。從額段向鼻尖略微收窄，但不
形成尖銳如狐狸之口吻。

● 鼻子

色黑、鼻孔適大。

● 顎部及牙齒

顎部堅強有力。牙齦多為黑色，多數有黑色舌斑，咬合為
鋏狀咬合。

● 頸部

結實碩壯，長度適中。

● 軀體

結實乾燥，體長較體高略長，肩部角度適中。胸幅適中，
不可寬廣。胸深適度不及肘部。前胸不凸出，腹部適度上
收。背線有力，腰部強壯，尻部略短稍斜。

● 前肢

肌肉結實，站立時平行直立，肘部緊密，前繫稍傾斜，趾

部堅實緊握。

● **後肢**

肌肉結實，骨質堅硬。飛節強韌，角度適中，後繫直而有

力，站立時兩肢平行，如有狼爪應切除。

● **尾巴**

尾根部略高，長度適中，不超過飛節，尾毛緊密均勻。行

動或警覺時，向上挺舉並略向前彎，尾巴靈活有力。

● **體位**

理想肩高：牡犬在46～51公分間，牝犬在41～46公分間。

● **步態**

運步輕快富有彈性，步幅適中。快步時四肢運步的軌跡，

略向中心線靠近。

● **被毛**

短毛，毛質粗硬密緻，緊貼皮膚。

### ●毛色

有黃、黑、乳白、及虎斑色，花色亦可；花色為雙色系，
不可有三色交雜出現。

**台灣犬失格之認定：**

單睪、隱睪、反對咬合、被蓋咬合、嚴重缺齒（缺大臼齒）、
粗暴、膽怯、體位過大或過小、肉色鼻、斑色鼻。

(一) **重大缺點**：被毛過短、尾毛鬆散、齒列不整、缺齒二顆。

(二) **小缺點**：欠小臼齒一顆、切端咬合。

## 亞洲畜犬聯盟（AKU）二〇〇二年一月四日公佈之台灣犬文書

| | |
|---|---|
| 原產地 | 台灣 |
| 支援國 | 日本 |
| 現行創始標準公佈日 | 二〇〇二年一月四日 |
| 用途 | 獵犬、看守犬、家庭犬 |
| FCI 分類 | 第五犬種群狐狸犬之原始類型，第七類原始型狩獵犬，不須作業的測試。 |

【簡介】一九八〇由國立臺灣大學、日本岐阜大學及名古屋大學的學者，共同合力研究以台灣原始犬為目的的調查報告中，訪問台灣先住民的二十九支原始部落所調查出來的結果；推斷出台灣犬是最早在南亞洲的台灣中央山脈地區所居住的台灣先住民，一起共同生活飼養的狩獵犬之子孫後代。此犬在以前是獵人在荒野森林中最佳、最忠實的伙伴；也是今日風行全島的守衛犬、家庭犬。

【一般外貌】乾燥結實，體構均稱的中型犬；三角形的頭部、杏仁眼、耳薄且豎立、鐮刀狀尾。牡犬雄偉威嚴、牝犬溫柔秀氣。

## 【比例】

| | |
|---|---|
| 胸深：肩高 | 4.5～4.7：10 |
| 肩高：體長 | 10：10.5 |
| 口吻：頭蓋 | 4.5：5.5 |
| 行為／稟性 | 對主人有極高的忠誠（實）度、有著與生俱來的敏銳性及機警性、動作敏捷且非常地勇猛大膽而無所懼怕。 |

## 《頭部》

【**前額**】前額處寬闊呈弧狀，無皺紋。

【**頭蓋**】頭蓋骨的長度比口吻的長度稍長，形成一個良好的比例。

【**額段**】額段非常明顯，與前額中間連接一條明顯、輕微的額溝。

## 《面部》

【鼻】適當的大小、鼻孔稍大些；鼻色為黑色。但是黑色以外的毛色者，鼻子的色素較淡些亦可接受。

【口吻】鼻樑線平坦，上下嘴唇緊密結實有骨感，沒有贅肉。由口吻的根基部開始向前到鼻端略微收窄，但不形成尖銳細長的口吻。

【顎／齒】顎部咬力強勁；為鋏狀咬合。牙齒垂直排列整齊。

【頰】頰部十分發達，咬肌發展良好，形成略突出的頰部。

【眼睛】杏仁眼、暗棕（褐）色；若為棕色眼也可容許。但必須避免黃色及紅色眼。

【耳朵】立耳，耳基根部位於頭蓋的兩側，呈45度角向外豎立。耳內緣成直線，耳外緣成弧形狀。

【頸】頸部有結實的肌肉形成明顯的線條，呈現堅強的力感，具有適當的長度，並以輕微的圓弧線連結頭部與背部；喉部沒有多餘的贅肉。

## 《身體》

【總體】結實、強韌的肌肉。體形幾乎近於正方形。

【背】鬐甲良好充實，背線平直、且短。

【腰】腰部可以明顯視之；腰部肌肉富有堅韌性及彈性。

【胸】胸深，其深度在前肘骨關節之上，不完全到達肘部（為
肩高的 45％至 47％），前胸稍有突出；肋骨呈卵形狀。

【腹】以優雅的曲線緊縮上吊，呈現明顯的輪廓線條。

【尻】尻部寬闊、平、短。

【尾】尾根部高之鐮刀狀尾，尾毛緊密，其位置在臀部與背線
連結的最高點，尾巴柔軟靈活而有力。

【肩】肩部肌肉發達，肩胛骨傾斜，與上腕骨構成 105 至 110
度角。

## 《四肢》

【**前肢**】前肢剛硬筆直、互相平行。肘部與身體緊鄰相靠而不外張。前趾如貓狀，緊緊相握。雙足不可有內八或外八之情形。肉墊堅硬。指甲黑色，若黑色以外之毛色者，指甲色素較淡薄些，亦可。

【**後肢**】後腳骨骼細緻，筋肉十分發達，雙肢站立時平行。後軀與前軀所形成的角度比例很均衡，且極為協調。大腿骨幅寬且傾斜，後膝關節有適當的彎曲，形成良好的弧度。下腿與大腿有很好的比例配合。中足骨朝地面呈垂直角度。肉墊要厚。

【**步容**】速步或驅步（小快步）之行進。動作敏捷靈活、輕快富有彈性，可輕易地做出 180 度的急轉彎。

## 《披毛》

【**毛**】短毛犬、毛質粗剛，需緊密伏貼在皮膚上。長度為 2.5 至 3 cm。

【毛色】黑色、虎斑色、赤色、白色、黑白花色、虎斑花色、
赤花色。

【體高】

| 牡 | 48 至 53 cm |
|---|---|
| 牝 | 43 至 47 cm |

【體重】

| 牡 | 14 至 18 kg |
|---|---|
| 牝 | 12 至 16 kg |

【缺點】切端咬合，欠齒，歪尾，凸眼，膽怯。

【失格】反對咬合（戽斗），被蓋咬合（鯊魚嘴），不立耳，
捲尾，長毛，欠犬齒，有攻擊行為。

【注意】牡犬必須明顯顯示出有一副睪丸完全下降至陰囊處

**臺灣玉山犬保存會於（二〇一四年九月二日）公布的《玉山犬標準書》**

《簡介》玉山犬是指參考自《玉山回首》第 149 頁照片中的犬隻品系，從書中記錄和犬隻原貌照片（於一九三三年拍攝）了解，玉山犬是跟隨台灣先住民在玉山山脈生活的族群犬隻品系。過去因不曾被犬協組織、研究者命犬種名，所以大家習慣以「土狗」、「番犬」、「羌仔狗」稱之。因體構、氣質獨特並具相同的遺傳，且犬隻早期生活在台灣玉山山脈及犬種原貌照片出自《玉山回首》一書，故以「玉山」為其犬種名，成為台灣的犬隻品系之一。西元二〇一四年，經「台灣玉山犬保存會」公布《玉山犬犬種書》、《玉山犬標準書》，敘述玉山犬的犬種獨特模樣，成為台灣原有犬種品系。

## 《玉山犬標準書》

## 壹：犬隻外觀

具硬挺方正的體構，四肢細緻，頭部俐落、立耳，差尾狀，屬中小型品系犬。

**A . 肩高體重：**肩高牡犬 38 至 42 公分，牝犬 36 至 40 公分。
成犬理想體重 11 至 16 公斤。

**B . 頭部外觀：**口吻緊實收有骨感，腮頰適當，眼神靈活、
精明銳利、眼球深棕色、略小、略圓、不凸出。額段
適中，鼻色黑。立耳、耳薄、耳基適寬、耳朵上緣直，
外下緣圓弧、耳翼不明顯為佳。兩耳可靈敏運作，注
意力集中時耳朵向前挺立、鼻與兩耳端略呈銳角狀，
休息放鬆時兩耳平放。

**C . 身體四肢：**身軀乾燥結實，四肢骨硬與緊實的身体形
成方正的比例，體構俐落，有硬挺感，腳細具剛直感
佳。前指、後趾部略薄，腳指色黑，前肢挺直，肘關
節遠離胸骨為優。背線平、後軀深度適中，胸淺、腰
圍小、頸長適中為佳。

**D . 尾部：**尾基部位高（插點高），尾勢向上、向前挺力
明顯如彎刀狀佳，挺舉時尾基根部與背線成 90 度角，
尾型以彎刀型或鐮刀尾型優，尾毛豐整均密，尾巴不
長，往下順滑時，尾末端不及飛節，尾正為優，不同
生理、心理狀況時有不同的展現，尾部表現靈活為佳。

E . **犬毛**：毛質以粗為優、背毛平貼身体，長度約 2.8 公分，
裡層毛不明顯、四肢毛短，屬短毛犬系。

毛色有：

| | |
|---|---|
| 1. | 黑色（犬毛全黑色，有光亮感佳）。 |
| 2. | 黑白色（犬毛黑白二色，以黑塊大、白色無斑點為優）。 |
| 3. | 黃色、赤黑色（犬毛黃、赤黃或赤黑色，內白不明顯佳）。 |
| 4. | 虎斑色（以整体同虎斑斑紋為佳）。 |

F . **犬齒**：上顎 20 顆、下顎 22 顆，以剪狀咬合為理想，
犬齒白優。

G . **步容**：平常以驅步（輕巧步容）前進或速步（快速）
敏捷移動。

H . **其他**：實際犬隻模樣以《玉山回首》一書第 149 頁照
片的三犬隻外觀為犬種理想。

## 貳：稟性氣質

勇敢靈敏、自主意識強、本質聰慧。

**A．犬種稟性**：機警、伶俐、強悍，有明顯的領域性，動
作敏捷，有極優秀的看家本領。因稟性機靈反應快，
常處於警戒狀態，對主人溫和，適合成為家庭的陪伴、
警戒犬。牡犬自信、氣勢強悍，牝犬秀逸敏慧。

**B．犬種氣質**：野美、尊貴的氣質表現為理想。

## 叁：附註

**別名**：小型台灣犬、羌仔犬、台灣土狗、石頭狗、布袋狗、高
山犬、布農犬、小型土狗等。

**緣由**：大約在六十年前，有一位居住在台灣深山的先住民從自
己的部落帶狗翻山越嶺並運用流籠運輸的方式，移居至
花蓮「林田山林場」聚落。一九八二年時期，台東友人
戴家祥先生及其花蓮的長輩因喜愛土狗，從這位先住民
朋友處，覓得此犬系犬隻，飼養在花蓮的老家，並繁
殖一些後代小狗。一九九四年經其台南同學鞏志德先生
（參與《台灣犬標準書》英文版翻譯的前輩）認養了後
代小狗並繁殖了三代後，依然保有該犬系的模樣特徵。

一九九八年個人因編寫《台灣原種犬》一書時,發現其與「台灣犬」有許多的差異,並開始蒐集資料研究,發現此品系的台灣土狗,在早期也曾經被許多人形容並敘述過。經過實際調查,台灣其他地區也還有少數的土狗愛好家,依然保有此外觀的台灣土狗血系。二〇一一年個人有幸從鞏志德先生和我共同的好友張大鵠先生處獲得此系犬隻,經實際繁殖兩胎的血統記錄後,確定犬隻具有相同的遺傳表現。在網路中因緣際會與「部落犬」同好朱文輝先生、和其他犬友的經驗分享時,獲得許多此品系犬隻寶貴的資訊和心得。二〇一四年成立「臺灣玉山犬保存會」,並公開《玉山犬犬種書》和《玉山犬標準書》。

此照片由鞏志德先生拍攝提供

　　這源於「台灣深山的土狗」在都會地區經過二十多年的飼
養管理後，由實際犬隻的外觀和後代遺傳觀察，證實了玉山犬
的頭部模樣、體位高度及犬隻氣質，依然保有玉山犬原貌照片
的獨特特徵和相同的遺傳。

　　因犬種原貌照片出自《玉山回首》一書和犬隻緣起於玉山
山脈之故，特以台灣第一高峰「玉山」為其犬種名，證實此品
種犬系的存在。

# 陸、
# 台灣土狗之美

# 台灣犬英文簡介

# Taiwan Dog

The Taiwan Dog is the only breed of dog native to Taiwan. The breed developed as the dogs were used in hunting by the early Taiwanese aborigines. All modern Taiwan dogs descended from these early hunting dogs, and we can observe how they have developed over the years. They are distinctively Taiwanese, with a recognizable appearance and character. They are calm and dependable, naturally loyal and quick to learn. Their sturdy, well-proportioned bodies and alert faces give the breed a natural, rugged beauty.

In the past, owners used Taiwan Dogs as hunting dogs; now, in modern times, many dog lovers raise them as pets. Still, because of the breed's upbringing in Taiwan's natural environment, they retain the characteristics of the ancient hunting dogs while also fitting into modern Taiwanese life. They are clever, intuitive, easy to care for and can adapt to almost any environment. Another excellent characteristic of this breed is their skill as watchdogs. Many families believe Taiwan Dogs to be the best choice as guard dogs and as companions. Some dog lovers enjoy taking their Taiwan Dogs to dog shows as an opportunity to meet other dog enthusiasts and as a relaxing weekend hobby. Already a popular breed in Taiwan now, Taiwan Dogs are also gradually gaining recognition among breeders around the world, and are seen as desirable guard dogs and companions.

Taiwan Dogs have been officially certified as a breed for thirty years; they were accepted by the FCI as Group 5, Section 7 Primitive Hunting Dogs. In recent years, the number of people interested in breeding dogs and maintaining the breed standard has grown. Besides recognizing the Taiwan Dog's appearance, people also appreciate its intelligence and other personality characteristics. Because of the official Taiwan Dog breed certification in recognition of the dog's excellent qualities, the breed standards will always be preserved. People will recognize its appearance and character and will associate this with Taiwan. We are honored that the Taiwan Dog has this international certification. Because the dog has "Taiwan" in its name, it helps represent Taiwan to the world. We cherish this wonderful breed, a national treasure.

# 致謝

　　進步的科技與動植物管理的工作，其實是息息相關的。

　　目前的科學技術，除了可運用在犬隻的遺傳、健康管理等方面，犬隻的複製技術也漸漸被應用在市場上。科學技術的運用除了可以增進犬隻的健康、長壽，並應用在品系犬種的繁殖上，遺傳疾病的預防才是人們管理犬種時的最佳價值與目的。

　　網路的便利，個人得以即時瞭解到廣大犬友們想要知道的台灣犬面向和問題為何，因此才著手本書的出版。在即將出版的這一刻，致上個人最深的感謝，感謝大家對台灣犬的關注。

　　個人有幸得天恩賜，參與了台灣犬犬種的發展，享受了研寫《台灣犬標準書》前輩們的研究成果，這讓後學玉山對台灣犬的瞭解獲益匪淺。有感於傳承這塊土地的情感、 物（台灣犬）的重要性，因此玉山將前輩們的研究成果整理成冊，感謝所有犬界前輩老師們的付出和努力！玉山因學習、吸收、應用了您們研究的知識成果而有此心得，秉承知識傳承的使命將此書分享給大家，特別感恩有您們的研究和貢獻！

　　伴隨台灣先民生活的土狗來到今日，已成為台灣的榮耀。感謝上天讓牠依然存在在台灣這塊寶島上。最後感謝出版社和我的家人，因為有您們的支持和肯定，此書得以順利完成。

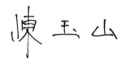

二〇一八年十月二十三日於新芽棚

# 參考書目

- ◆ 《台灣原種犬》

- ◆ 《CKA 育犬月刊》

- ◆ TKA、C.K.A. 育犬協會《台灣犬標準書》

- ◆ AKU 亞洲畜犬聯盟《台灣犬文書》

- ◆ 臺灣玉山犬保存會《玉山犬犬種書》、《玉山犬標準書》

國家圖書館出版品預行編目資料

臺灣犬：臺灣土狗的歷史、特質與復育故事
/ 陳玉山著. -- 初版. -- 臺中市：晨星，
2018.12

面； 公分. -- (寵物館；75)

ISBN 978-986-443-540-1(平裝)

1.犬 2.臺灣

437.35 107018974

寵物館 75

# 臺灣犬：
## 臺灣土狗的歷史、特質與復育故事

| | |
|---|---|
| 作者 | 陳玉山 |
| 主編 | 李俊翰 |
| 責任編輯 | 陳佩如 |
| 美術設計 | 張蘊方 |
| 封面設計 | 熊編文創工作室 |

| | |
|---|---|
| 創辦人 | 陳銘民 |
| 發行所 | 晨星出版有限公司<br>407 台中市西屯區工業三十路 1 號 1 樓<br>TEL：04-23595820 FAX：04-23550581<br>E-mail：service@morningstar.com.tw<br>行政院新聞局版台業字第 2500 號 |
| 法律顧問 | 陳思成律師 |
| 初版 | 西元 2018 年 12 月 01 日 |

| | |
|---|---|
| 總經銷 | 知己圖書股份有限公司<br>106 台北市大安區辛亥路一段 30 號 9 樓<br>TEL：02-23672044 / 23672047 FAX：02-23635741<br>407 台中市西屯區工業三十路 1 號 1 樓<br>TEL：04-23595819 FAX：04-23595493<br>E-mail：service@morningstar.com.tw<br>網路書店 http://www.morningstar.com.tw |
| 讀者專線 | 04-23595819#230 |
| 郵政劃撥 | 15060393（知己圖書股份有限公司） |
| 印刷 | 上好印刷股份有限公司 |

定價 350 元

ISBN 978-986-443-540-1

Published by Morning Star Publishing Inc.
Printed in Taiwan

填寫線上回函
即享『晨星網路書店 50 元購書金』

您也可以填寫以下回函卡，拍照後私訊給 [f 搜尋／ 晨星出版寵物館 🔍]
就有機會得到小禮物唷！

## ◆讀者回函卡◆

姓名：＿＿＿＿＿＿＿＿ 性別：□男 □女 生日：西元 ／ ／
教育程度：□國小 □國中 □高中／職 □大學／專科 □碩士 □博士
職業：□學生 □公教人員 □企業／商業 □醫藥護理 □電子資訊
　　　□文化／媒體 □家庭主婦 □製造業 □軍警消 □農林漁牧
　　　□餐飲業 □旅遊業 □創作／作家 □自由業 □其他＿＿＿＿
* 必填 E-mail：＿＿＿＿＿＿＿＿＿＿＿＿＿＿ 聯絡電話：＿＿＿＿＿＿
聯絡地址：□□□＿＿＿＿＿＿＿＿＿＿＿＿＿＿＿＿＿＿＿＿＿＿＿
購買書名：臺灣犬：臺灣土狗的歷史、特質與復育故事＿＿＿＿＿＿＿＿＿

· 促使您購買此書的原因？
□於 ＿＿＿＿＿ 書店尋找新知時 □親朋好友拍胸脯保證 □受文案或海報吸引
□看＿＿＿＿＿＿網路平台分享介紹 □翻閱 ＿＿＿＿＿ 報章雜誌時瞄到
□其他編輯萬萬想不到的過程：＿＿＿＿＿＿＿＿＿＿＿＿＿＿＿＿＿

· 怎樣的書最能吸引您呢？
□封面設計 □內容主題 □文案 □價格 □贈品 □作者 □其他 ＿＿＿＿

· 請勾選您的閱讀嗜好：
□文學小說 □社科史哲 □健康醫療 □心理勵志 □商管財經 □語言學習
□休閒旅遊 □生活娛樂 □宗教命理 □親子童書 □兩性情慾 □圖文插畫
□寵物 □科普 □自然 □設計／生活雜藝 □其他 ＿＿＿＿

加入晨星寵物館粉絲頁，分享更多好康新知趣聞
更多優質好書都在晨星網路書店 www.morningstar.com.tw

# 您不能錯過的好書

## 寵物美容師的五堂必修課

**晉級世界級美容師真傳心法，熱愛寵物的你需要知道的知識**

梁憶萍◎著

梁憶萍老師以其在寵物美容業經營多年的經驗，同時也是毛小孩媽媽的身分，設計出五大課程。期盼本書能聯繫起寵物美容師與飼主，增加彼此間的信任感，共創雙贏的局面。

定價：250 元

立即購買

## 狗狗美容師

**幫狗狗做保養，其實一點也不難**

全國動物醫院醫師群／寶羅國際寵物美容學苑團隊◎著

針對基本生理構造與簡易清潔的方法和步驟，讓飼主也能在家輕鬆為狗狗進行護理保養！照片和插圖相輔，圖解清楚細膩，閱讀輕鬆易懂，讓主人很快能成為狗狗的專屬造型師。

定價：250 元

立即購買

## 寵物香草藥妙方

**以天然的香草藥力量，改善寵物寄生蟲、壓力性過敏、口腔疾病與心理發展問題！**

謝青蘋◎著

5 種生活提案、24 道美味食譜、30 種寵物專屬香草介紹。本書推崇以食代藥，說明寵物可以吃哪些香草草？如何吃對毛孩才有助益？讓你認識香草、活用香草，吃得健康、用得安心！

定價：350 元

立即購買

## 汪星人，想什麼？了解狗狗心情的 67 個祕訣

**從細微的動作中看出狗狗的心事！**

佐藤惠里奈◎著

為什麼狗狗不管在哪都想挖洞？為什麼狗狗隨時都在嗅聞地面？本書搭配簡單易懂的漫畫插圖，說明解讀狗狗心情的技巧。人類若能正確了解狗狗行為的意義，就能與牠順利溝通！

定價：290 元

立即購買